SITZUNGSBERICHTE DER DEUTSCHEN AKADEMIE
DER WISSENSCHAFTEN ZU BERLIN

*Klasse für Mathematik, Physik und Technik*

*Jahrgang 1959 Nr. 2*

*P. GÖRLICH, H. KARRAS, K. KÜHNE*

# ÜBER EINIGE OPTISCHE MESSUNGEN AM CALCIUMFLUORID

Mit 6 Abbildungen und 6 Tabellen

AKADEMIE-VERLAG · BERLIN

1959

Vorgelegt von Hrn. Görlich in der Gesamtsitzung vom 19. März 1959
Zum Druck genehmigt am gleichen Tage, ausgegeben am 25. Juni 1959


Erschienen im Akademie-Verlag GmbH, Berlin W 1, Leipziger Straße 3—4
Lizenz-Nr. 202 100/748/59
Satz und Druck: Buchdruckerei Frankenstein, Leipzig. III/18/127
Bestell- und Verlagsnummer: 2010/59/I/2
Preis: DM 2,—
Printed in Germany
ES 18 B 5/7

## A. Einleitung

In einer früheren Mitteilung [1] berichteten wir über das optische Verhalten von $CaF_2$-Einkristallen, die wir mit Röntgenstrahlen verfärbten. Die Einkristalle wurden nach dem Verfahren von Stockbarger gezogen, wobei natürliche Kristalle als Ausgangsmaterial dienten. Auf thermischem Wege und durch Lichteinstrahlung in verschiedenen Banden erzeugten wir Entfärbung bzw. teilweisen Ab- und Aufbau von Banden. Unsere Ergebnisse stimmten nicht in allen Punkten mit denen von Smakula [2] überein. Von Deutungsversuchen und Modellvorstellungen hielten wir uns fern, weil wir der Überzeugung waren, daß das von uns erarbeitete Material dazu noch nicht aussagekräftig genug sei. Offen blieben vor allem drei wichtige Fragen, durch deren Beantwortung die Differenz zwischen SMAKULAS und unseren Messungen aufklärbar sein müßten:

a) Welchen Reinheitsgrad besaßen unsere Kristalle und wie wirkten sich gitterfremde Bausteine auf die Verfärbungserscheinungen aus?

b) Entstehen die Verfärbungsbanden alle durch gitterfremde Moleküle oder Ionen oder kann man alle bzw. einen Teil davon mit Hilfe gittereigener Absorptionszentren erklären?

c) Darf eine der Banden und welche Bande als F-Bande bzw. F'-Bande angesehen werden?

Durch weitere Versuche trachteten wir daher danach, einer möglichst vollständigen Beantwortung dieser drei Fragen näherzukommen, indem wir $CaF_2$-Kristalle verschiedener Herstellung und natürliche $CaF_2$-Kristalle auf ihre Reinheit, auf ihre Absorption, auf ihre Fluoreszenzfähigkeit und schließlich auf ihre Thermolumineszenzfähigkeit hin untersuchten.

## B. Untersuchungsmaterial

Sämtliche von uns benutzten künstlichen Kristalle wurden in unserem Kristall-Laboratorium gezüchtet. Als Ausgangsmaterial zur Gewinnung der künstlichen Kristalle wurden natürliche Kristalle und synthetische Substanzen verwendet. Vier verschiedene Kristallsorten gelangten zur Untersuchung:

Sorte 1 waren künstliche Kristalle, deren Schmelzgut aus zermahlenen natürlichen Kristallen mit einem geringen Zusatz von Bleifluorid bestand.

Sorte 2 bestand aus natürlichen Kristallen, ebendenselben, die als Schmelzgut für die Sorte 1 benutzt wurden. Sie stammten aus Öhrenstock bei Ilmenau und zeichneten sich alle durch eine mehr oder weniger inhomogene blaßgrüne Färbung aus, die bei einigen Exemplaren von schmalen violetten Bändern durchzogen war.

Sorte 3 bestand wiederum aus natürlichen Kristallen, vermutlich aus den Pyrenäen stammend. Sie waren völlig farblos und schienen uns daher besonders für unsere Untersuchungen geeignet zu sein.

Sorte 4 waren künstliche Einkristalle, die aus synthetischen Ausgangsmaterialien gezüchtet worden waren. Aus $Ca\,CO_2$ reinst und HF reinst wurde pulverförmiges $CaF_2$ hergestellt, aus dem dann die $CaF_2$-Einkristalle gezogen wurden.

Zu den von uns früher durchgeführten Ver- und Entfärbungsversuchen [1] wurden die in der vorliegenden Arbeit mit Sorte 1 bezeichneten künstlichen Kristalle benutzt.

## C. Reinheiten der verwendeten Kristallarten

Die Reinheitsuntersuchungen erfolgten mit Hilfe spektroskopischer Methoden. Es wurden sowohl unser Q 24 als auch unser Dreiprismenspektrograph dafür eingesetzt.

Insbesondere interessierte uns die Frage, ob seltene Erdmetalle in den Kristallen nachzuweisen waren. Przibram [3] sowie Feofilow [4] schreiben bekanntlich die Färbung und die Fluoreszenz der Naturfluorite im wesentlichen Beimengungen von seltenen Erden zu. FEOFILOW konnte nachweisen, daß die Grünfärbung von $CaF_2$ durch $Sm^{++}$ hervorgerufen wird. Bei Naturfluoriten könnte die Überführung von $Sm^{+++}$-Ionen in $Sm^{++}$-Ionen im Erdinneren infolge Einwirkung radioaktiver Strahlung erfolgt sein. Wegen der verhältnismäßig gut übereinstimmenden Ionen-Radien des $Ca^{++}$ und der dreiwertigen Seltenen Erdmetalle (siehe Tab. I) ist der Einbau letzterer in $CaF_2$ besonders begünstigt. Den Ionenradien der Tab. I liegt die Koordinationszahl 6 zugrunde. Da die Ca-Ionen im Flußspat die Koordinationszahl 8 haben, müssen die Ionenradien um + 3% korrigiert werden.

Tabelle I

Ionen- und Atomradien nach GOLDSCHMIDT
(in k X)

| Ionenradien | | Atomradien | |
|---|---|---|---|
| $Ca^{++}$ | 1,06 | Ca | 1,96 |
| $Y^{+++}$ | 1,06 | | |
| $Sm^{+++}$ | 1,13 | | |
| $Eu^{+++}$ | 1,13 | | |
| $Eu^{++}$ | 1,24 | | |
| $Nd^{+++}$ | 1,15 | Nd | 1,82 |
| $Pr^{+++}$ | 1,16 | | |
| $Cc^{+++}$ | 1,18 | Ce | 1,83 |
| $Ce^{++++}$ | 1,02 | | |
| $Gd^{+++}$ | 1,11 | | |
| $Tb^{+++}$ | 1,09 | | |
| $Dy^{+++}$ | 1,07 | | |
| $Ho^{+++}$ | 1,05 | | |
| $Er^{+++}$ | 1,04 | Er | 1,87 |
| $Tu^{+++}$ | 1,04 | | |
| $Yb^{+++}$ | 1,00 | | |

Schwache Gelbfärbung natürlicher Fluorite, Absorption im langwelligen UV und blaue Lumineszenz deuten nach FEOFILOW [5] auf eingebaute $Eu^{++}$-Ionen hin, während farblose Naturfluorite mit langwelliger UV-Absorption und gelb-grüner Lumineszenz (allerdings nur bei Abkühlung der Kristalle beobachtet) nach ihm $Yb^{++}$-Ionen enthalten sollten.

In unseren Sorten 1 und 2 konnten bei höchster spektroskopischer Auflösung nur Y, Dy und in Sorte 2 außerdem noch Yb nachgewiesen werden, trotzdem nach Sm und Eu gesucht wurde. Um unsere Nachweismethode zu prüfen, wurde gleichzeitig eine $CaF_2$-Probe untersucht, deren Schmelzgut 0,4% $Sm_2O_3$ zugefügt worden wor. Hier zeigte die Spektralanalyse den Sm-Einbau an, wenn auch nur an der Grenze der spektroskopischen Nachweisbarkeit. Es ist daher anzunehmen, daß das Schmelzgut nur einen Bruchteil der Sm-Verunreinigung aufnahm.

Von der Sorte 4 wurde zu Vergleichszwecken ein Teil mit Eu-Einlagerung gezüchtet.

Über weitere, mit der spektroskopischen Methode in den Sorten 1 bis 4 gefundene Verunreinigungen gibt Tab. II Aufschluß. Die Spal-

Tabelle II

| Verunreinigung | Sorte 1 | Sorte 2 | Sorte 3 | Sorte 4 |
|---|---|---|---|---|
| Cu | 0—1 | 0—1 | — | — |
| Al | 8 | 2—3 | 1 | 3 |
| Si | 5—8 | 2 | 1 | — |
| Mg | 3 | 2 | 1 | 2 |
| Pb | 0—1 | — | — | — |
| Mn | 0—1 | 2 | — | — |
| Fe | 1—2 | 2 | — | — |
| As | 0—1 | 0—1 | — | — |
| Sr | 2—3 | 2—3 | 0—1 | — |
| Na | 2—3 | 2—3 | — | — |
| Y | 0—1 | 1 | — | — |
| Tl | 0—1 | — | — | — |
| Dy | 0—1 | 0—1 | | |
| Yb | — | 0—1 | | |

0—1 bedeutet Spurennachweis
1 entspricht einer Verunreinigung von 1/1000%
10 entspricht einer Verunreinigung von 1/10%

ten der Sorten 3 und 4 für Dy und Yb wurden offengelassen, weil die speziellen Untersuchungen zum Nachweis dieser Elemente noch nicht abgeschlossen sind.

Wir registrieren die Tatsache, daß offenbar während der Schmelze aus dem Tiegelmaterial Verunreinigungen vom Schmelzgut aufgenommen worden sind, denn die künstlichen Kristalle enthalten mehr Al, Si und Mg als das Ausgangsmaterial. Die Pb-Verunreinigung rührt naturgemäß vom $PbF_2$-Zusatz her, von dem man gewöhnlich annehmen darf, daß er während der Schmelze verdampft und damit nicht ins Gitter eingebaut wird. Offenbar trifft diese Annahme bei diesen Kristallen nicht zu. Im übrigen muß man feststellen, daß sich der Kristall in der Schmelze nicht reinigt entgegen üblichen Annahmen.

Wir sind uns nach diesen Ergebnissen im klaren, daß künstliche Kristalle, deren Schmelzgut aus Naturfluoriten besteht, immer verunreinigt sein müssen und daß daher zum Zwecke der exakten Trennung aller Effekte lediglich künstliche Kristalle Verwendung finden können, deren Schmelzgut aus synthetischen Präparaten höchster Reinheit besteht. Mit der Sorte 4 stehen wir am Anfang solcher Züchtungsversuche.

Eine besondere Aufmerksamkeit werden wir in Zukunft den Methoden zur Bestimmung des Reinheitsgrades von $CaF_2$ widmen. Wir wollen unser Material in erster Linie mit der Röntgenfluoreszenzmethode und mit Hilfe des Massenspektrometers auf ihren Verunreinigungsgrad überprüfen, aber auch versuchen, speziell für $CaF_2$ verwendbare Methoden zur Feststellung des Reinheitsgrades auszuarbeiten.

## D. Absorptionsspektren unserer verschiedenen $CaF_2$-Sorten

Für eine Messung der Absorptionsspektren mit hinreichender Genauigkeit eignet sich unsere Meßeinrichtung A besonders gut [6]. Sie wurde daher von uns benutzt.

Die Ergebnisse unserer Absorptionsmessungen sind in den Figuren 1 und 2 niedergelegt. Der besseren Übersicht wegen und um die Lage der Banden gut vergleichen zu können, sind diese in Tab. III für die bandenreichen Materialien (Sorten 1 bis 3) zusammengestellt worden.

Tabelle III

Absorptionsbanden in m$\mu$

| Sorte 1 | Sorte 2 | Sorte 3 | Untersuchungs-material von FEOFILOW |
|---|---|---|---|
| 217 | 215 | — | — |
| 230 | 230 | — | — |
| 240 | 240 | 241 | 240 |
| 260 | 261 | 260 | 265 |
| — | 280 | 280 | 288 |
| 306 | 306 | — | 307 |
| — | — | 342 | — |
| — | — | 356 | — |
| 334 | — | — | — |
| 364 | 364 | — | — |
| — | 416 | 415 | — |
| — | — | 430 | 425 |
| — | 440 | — | 445 |
| — | 454 | 456 | — |
| — | — | — | 495 |
| — | — | — | 507 |
| — | — | — | 535 |
| — | 590 | — | — |
| — | — | — | 632 |
| — | 700 | — | 690 |

Die Kurve I in Abb. 1 stellt das Absorptionsspektrum der Sorte 1, also des künstlichen Kristalles, gezogen aus den zermahlenen natürlichen Kristallen, dar. Die zwei besonders gut ausgebildeten Banden bei 217 und 306 m$\mu$ fallen besonders auf, die übrigen Banden sind nur schwach ausgebildet, jedoch wiederum so stark, daß sie deutlich größer als die Meßgenauigkeit der Meßeinrichtung A sind.

Die Kurve II (Abb. 1) zeigt das Absorptionsspektrum der Sorte 2, also des blaßgrünen natürlichen Kristalles. Die vier Banden, 416,

440, 454 und 590 m$\mu$, sind verantwortlich für die charakteristische Färbung. Die beiden Banden 215 und 306 m$\mu$ besitzen die gleiche Lage wie in den künstlichen Kristallen der Sorte 1. Die sehr gut aus-

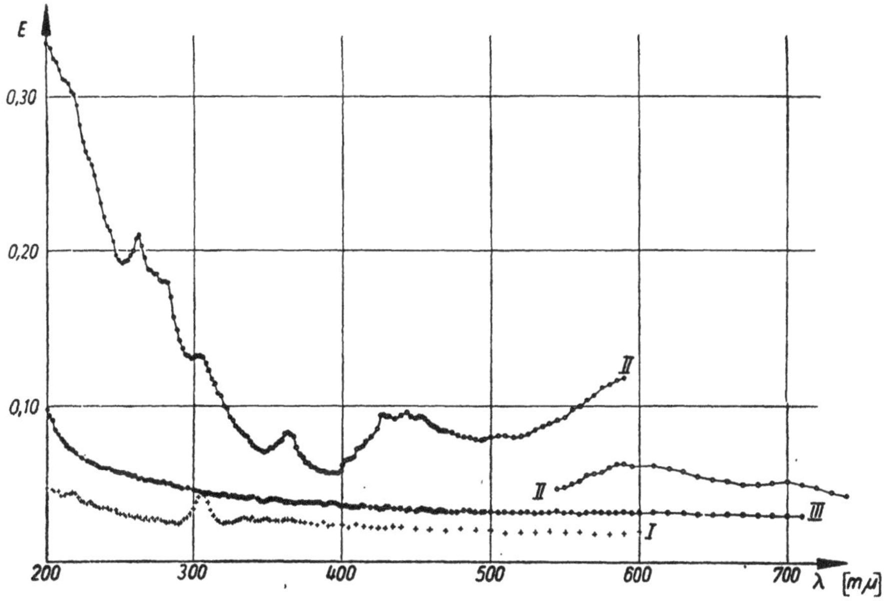


Abb. 1. Absorptionsspektren von $CaF_2$
Kurve I, $CaF_2$ der Sorte 1; Kurve II, $CaF_2$ der Sorte 2; Kurve III, $CaF_2$ der Sorte 3

gebildeten Banden bei 261 und 364 m$\mu$ sind im künstlichen Material (Sorte 1) ebenfalls bemerkbar, wenn auch schwach, während die starke Bande bei 280 m$\mu$ im künstlichen Material (Sorte 1) nicht feststellbar ist. Auffällig ist die starke Absorption im fernen UV. Da die Färbung des natürlichen Kristalles inhomogen ist, bedingt eine Lageänderung des Kristalles im Strahlengang der Meßeinrichtung Änderungen des Extinktionsbetrages.

Die Kurve III (Abb. 1) gibt das sehr ausgeglichene Absorptionsspektrum der farblosen natürlichen Kristalle (Sorte 3). Die gefundenen Banden sind nur sehr schwach ausgebildet, jedoch immer noch so stark, daß sie größer als die Meßunsicherheit der Meßeinrichtung A sind. Man muß den Banden daher reale Existenz zubilligen. Gegenüber den künstlichen Kristallen (Sorte 1) konnte eine allgemein stärkere Extinktion der natürlichen Kristalle (Sorte 3) festgestellt werden. Im fernen UV ist der Anstieg der Extinktion stärker als bei den Kristallen der Sorte 1. Am bedeutungsvollsten scheint uns die Tatsache, daß die beiden Banden bei 217 und 306 m$\mu$, die die Kristalle der Sorten 1 und 2 gut ausgebildet vorweisen, bei der Sorte 3 nicht zu finden sind.[1])

Weiterhin bemerkenswert ist die Tatsache, daß die Extinktion der künstlichen Kristalle (Sorte 1), obwohl sie mehr Verunreinigungen aufweisen als ihr Ausgangsmaterial, sehr viel kleiner ist als die Extinktion des Schmelzgutes. Man könnte vermuten, daß die Verunreinigungen in den künstlichen Kristallen andere Wertigkeiten besitzen als in den natürlichen Kristallen. In diesem Zusammenhang dürfte eine von uns beobachtete Erscheinung interessieren, die bei der Thermolumineszenz der künstlichen Kristalle (Sorte 2) zu registrieren ist. Wenn diese Kristalle erhitzt werden, so beobachtet man gegen Ende des Leuchtvorganges, daß sich die vorher blaßgrün gefärbten Kristalle entfärben. Absorptionsmessungen konnten sich bisher noch nicht durchführen lassen, weil die Kristalle bei den entsprechenden Temperaturen in kleinste Splitterchen zerspringen. Man könnte diesen Entfärbungsprozeß erklären, wenn man annimmt, daß gleichzeitig mit dem Übergang der Elektronen aus den Haftstellen in das Leitungsband auch Ladungsänderungen der Fremdionen auftreten. Die Nachprüfung dieser Annahme ist möglich, denn angeregte künstliche Kristalle sollten, falls sie die gleichen Verunreinigungen wie die natürlichen Kristalle enthalten, die gleiche Färbung aufweisen. Vergleichen

---

[1]) Die Absorptionsspektren der Kristalle der Sorte 4, die wir bewußt mit Sm verunreinigt hatten, zeigten mehrere charakteristische Absorptionsbanden, u. a. auch bei 217 und 306 m$\mu$. Wir möchten daher die Vermutung äußern, daß diese Banden auf den Einbau von Sm in $CaF_2$ zurückzuführen sind und daß demnach die Kristalle der Sorten 1 und 2 Sm enthielten.

wir die Lage der Banden der früher verfärbten Kristalle der Sorte 1 [1] mit der der Absorptionsbanden der blaßgrünen Fluorite (Sorte 2), so findet man auffallende Übereinstimmung. In Tab. II der zitierten Arbeit sind die Banden bei 227, 259, 278 und 361 m$\mu$ durch Lichteinstrahlung nicht entfärbbar. Ihre Lage stimmt mit der der Absorptionsbanden der blaßgrünen Fluorite (230, 261, 280 und 364 m$\mu$) gut überein. Wir dürfen daher wohl annehmen, daß diese vier Verfärbungsbanden auf Fremdverunreinigungen zurückzuführen sind. Bis auf die Bande bei 910 m$\mu$ (siehe [1], Seite 32) sind die übrigen Banden bei 331, 398, 482 und 580 m$\mu$ durch Lichteinstrahlung entfärbbar, so daß der Gedanke naheliegt, diese vier Banden als charakteristisch für in atomaren Fehlstellen befindliche Elektronen zu bezeichnen.

Die verfärbten künstlichen Kristalle zeigen statt grüner eine violette Verfärbung. Der Grund liegt darin, daß die Bande bei 398 m$\mu$

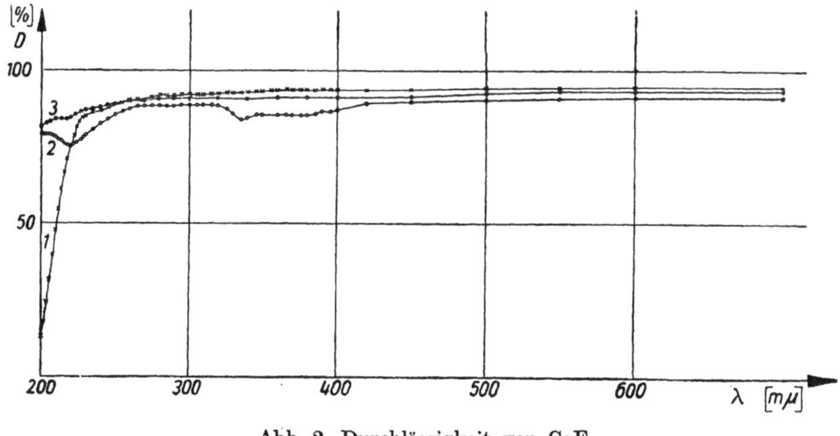


Abb. 2. Durchlässigkeit von $CaF_2$
Kurve 1, $CaF_2$ der Sorte 4; Kurve 2, $CaF_2$ der Sorte 4 + Eu;
Kurve 3, $CaF_2$ der Sorte 4 + $M^{++++}$

die weitaus stärkste Bande ist. Schwach verfärbte Kristalle zeigen eine mehr ins Grüne gehende Färbung, weil in einem solchen Falle die Bande bei 398 m$\mu$ gegenüber den übrigen Banden weniger stark ausgebildet ist (Beispiel Abb. 1, Kurve I und Abb. 4, Kurve II unserer bereits mehrfach zitierten Arbeit [1]). Daß die gefärbten Naturfluorite nicht die Farbe der künstlich verfärbten Kristalle aufweisen, läßt sich deswegen leicht einsehen, weil sich die Banden der F-Zentren leichter thermisch entfärben als die der Verunreinigungen.

Das Absorptionsspektrum eines künstlichen Kristalles der Sorte 4 ist in Kurve I (Abb. 2) wiedergegeben. Man erkennt, daß sich ein bandenfreier Verlauf bis ins ferne UV ergibt, und daß erst bei ~230 mμ eine Absorption einsetzt, die nach kürzeren Wellenlängen beträchtlich zunimmt.

In Übereinstimmung mit Stepanow und Feofilow [7] zeigten Kristalle unserer Sorte 4, die durch Eu verunreinigt waren, gute Durchlässigkeit (siehe Kurve 2, Abb. 2) bis herab zu 200 mμ (weiter wurde vorläufig von uns nicht gemessen). Allerdings zeigen diese Kristalle eine unerwünschte Fluoreszenz, die weiter unten näher beschrieben wird. Ein solches zunächst nicht erwartetes Ergebnis, daß nämlich durch eine bestimmte Art der Verunreinigung starke Absorptionsgebiete aufgehoben werden, kann erklärt werden auf Grund der bereits erwähnten Tatsache, daß die dreiwertigen Seltenen Erden einen Ionenradius von nahezu gleicher Größe wie die zweiwertigen Ca-Ionen besitzen (vgl. Tab. I) und daher leicht isomorph in das $CaF_2$-Gitter eingebaut werden können. Im Zentrum eines kubischen Gitters, das durch 8 $F^-$-Ionen gebildet wird, befindet sich daher gelegentlich statt eines zweiwertigen $Ca^{++}$-Ions ein dreiwertiges Ion eines Seltenen Erdmetalles. Eine derartige Anordnung besitzt naturgemäß einen Überschuß an positiver Ladung und kann daher als Elektronenfänger wirken. Die freie positive Ladung des Fremdions kann natürlich auch anderweitig abgesättigt werden, etwa dadurch, daß eines der 8 $F^-$-Ionen durch ein doppelt geladenes $O^{--}$-Ion ersetzt wird [8].

Zur Annahme, daß die starke Absorption im ferneren UV insbesondere unterhalb 210 mμ durch F-Zentren und der mehr in nahen UV liegenden Banden durch F'-Zentren hervorgerufen werden könnte, kommt man, wenn man bedenkt, daß Elektronen nicht mehr durch eine überschüssige positive Ladung pro Fremdion abgebunden werden, sondern durch andere Störstellen, etwa durch Anionenfehlstellen. FEOFILOW und STEPANOW nehmen darüberhinaus an, daß die durch die eingebauten dreiwertigen Fremdionen hervorgerufenen Akzeptorniveaus tiefer liegen als die der F- und F'-Zentren. Eine solche Deutung bietet die Möglichkeit, durch Einbau geeigneter Densibilisatoren in die $CaF_2$-Kristalle die UV-Durchlässigkeit zu verbessern und die unerwünschte Fluoreszenz zu unterdrücken. Versuche in dieser Richtung wurden von uns vorgenommen. In Abb. 2 wird die Durchlässigkeitskurve (Kurve 3) eines $CaF_2$-Einkristalls der Sorte 4 mit einer Verunreinigung eines vierwertigen Fremdions wiedergegeben. Eine Fluoreszenz ist an einem solchen Kristall nicht mehr feststellbar.

## E. Fluoreszenz- und Thermolumineszenzmessungen

Obwohl wir Fluoreszenz- und Thermolumineszenzmessungen gerade eben eingeleitet haben, scheint es uns zweckmäßig, über die ersten Ergebnisse, die wir erhielten, zu berichten.

Zur Bestimmung der Fluoreszenzspektren benutzen wir die in Abb. 3 angegebene Meßanordnung. Wegen ihres starken Kontinuums im UV verwenden wir als Lichtquelle eine XBO-100. Ein UV-Achro-

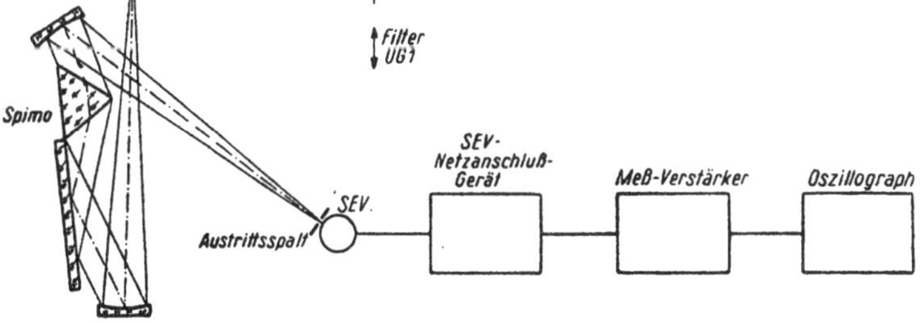


Abb. 3. Blockschema der Fluoreszenz-Meßanordnung

mat (f = 75,8 mm) bildet den Entladungsbogen im Verhältnis 1 : 1 in den $CaF_2$-Kristall ab. Der den Kristall durchsetzende Lichtkegel

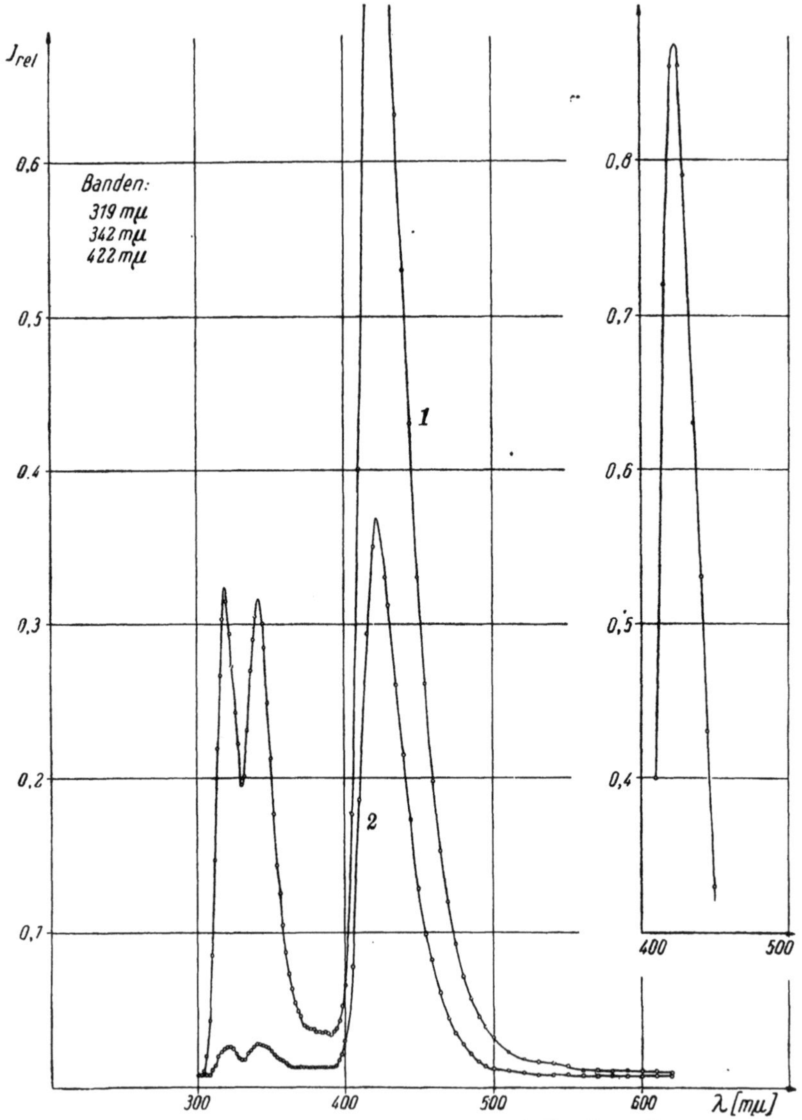


Abb. 4. Fluoreszenzspektrum von $CaF_2$ (Sorte 1)

Kurve 1: angeregt mit XBO-100. Kurve 2: angelegt mit XBO-100 + UG 1 wird aus Intensitätsgründen parallel zum Eintrittsspalt des Spiegelmonochromators (Spimo [6] mit Quarz-Cornu-Prisma) gelegt. Als Empfänger des spektral zerlegten Fluoreszenzlichtes dient ein Sekundärelektronenvervielfacher des Typs M 12 QS (also ein SEV mit Quarzfenster) [9], als Verstärker ein Breitbandmeßverstärker, dessen letzter Verstärkerstufe ein Oszillograph hochohmig angeschlossen ist. Messungen mit Kühlung der Kristalle bis zu Temperaturen der flüssigen Luft sind im Gange.

In der Tabelle IV teilen wir die Lage der Fluoreszenzbanden unserer Sorten 1 bis 3 und der Sorte 4 mit Eu als Verunreinigung mit (Angabe in m$\mu$). Feofilow [4], [5] erwähnt außer den Banden im

Tabelle IV

| Fluoreszenzbanden | | | |
|---|---|---|---|
| Sorte 1 | Sorte 2 | Sorte 3 | Sorte 4 + Eu |
| 319 | 320 | 318 | — |
| 342 | 339 | 342 | — |
| 422 | 422 | 421 | 424 |

roten Teil des Spektrums bei 690, 708, 715, 720, 724 und 728 m$\mu$ eine blaue Fluoreszenzbande bei 426 m$\mu$, die er dem Eu zuschreibt. Unsere sehr gut ausgeprägten Banden bei 319 und 342 m$\mu$ wurden von ihm nicht gefunden. Abb. 4 zeigt das Fluoreszenzspektrum unserer Sorte 1.

In Abb. 5 zeigen wir die Durchlässigkeits- und Fluoreszenzkurve eines Kristalls der Sorte 4 bei Zimmertemperatur, den wir mit einer stärkeren Zugabe von Eu hergestellt haben. Wir erhielten trotz sorgfältigen Suchens nur eine Fluoreszenzbande, die im blauen Teil des Spektrums bei etwa 424 m$\mu$ liegt.

Unser Ergebnis deckt sich mit dem Feofilows bis auf eine kleine Abweichung von 2 m$\mu$, die sich aber durch die Annahme erklären läßt, daß die Kristalle Feofilows infolge stärkerer Dotierung mit Eu größere Absorption zeigten. Durch Eigenabsorption kann eine geringe Verlagerung der Fluoreszenzbande nach größeren Wellenlängen stattfinden.

Wenn man die gleiche Erklärung auch auf den Unterschied unserer Sorten 1, 2 und 3 gegenüber Sorte 4/Eu (Zeile 3 der Tabelle IV) an-

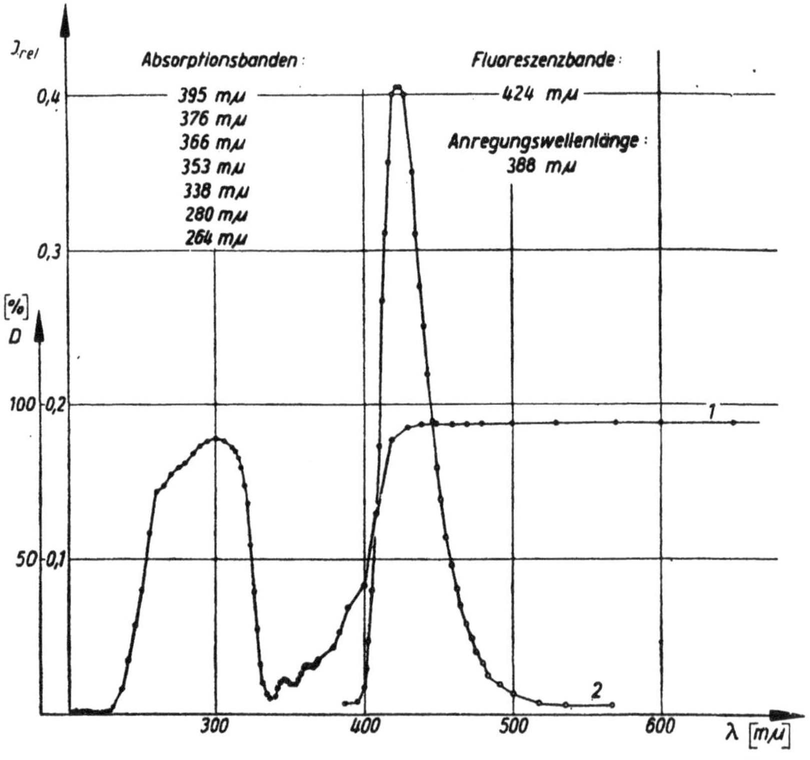


Abb. 5. Durchlässigkeit und Fluoreszenz von $CaF_2$ (Sorte 4 + Eu)
Kurve 1: Durchlässigkeit. Kurve 2: Fluoreszenz

wendet, dann könnte man die Vermutung aussprechen, daß auch in den Sorten 1 bis 3 Eu in den geringsten Mengen vorhanden sein müßte. Wie wir bereits ausführten, konnten wir spektralanalytisch Eu und Sm nicht nachweisen.

Unsere bisherigen Ergebnisse zeigen, daß die Seltenen Erden in $CaF_2$ Anlaß zu recht unterschiedlichen und charakteristischen Fluoreszenzspektren geben. Aus diesem Grunde und wegen des hohen Standes der Empfängertechnik hat man daher in der Fluoreszenzanalyse eine empfindliche Methode, um Seltene Erden in $CaF_2$ nachzuweisen.

Wir haben inzwischen unsere Meßanordnung gegenüber Abb. 3 verbessert, indem wir das Licht der XBO-100 durch einen weiteren Monochromator spektral zerlegen und zur Anregung monochromatisches Licht von verhältnismäßig geringer Halbwertsbreite benutzen.

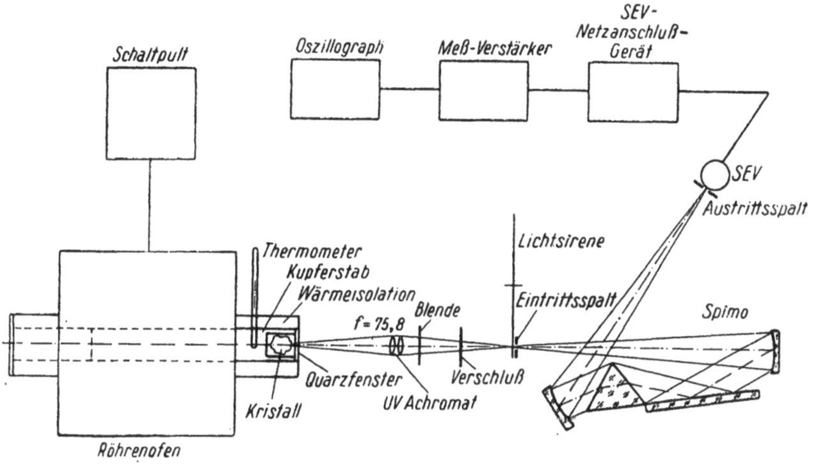


Abb. 6. Blockschema der Thermolumineszenz-Meßanordung

Hinzu kommt, daß wir durch Benutzung eines sehr empfindlichen Resonanzverstärkers das Signal/Rausch-Verhältnis soweit verringern konnten, daß die Empfindlichkeit unserer Meßanordnung wesentlich gesteigert werden konnte. Mit dieser Meßanordnung wurde die Fluoreszenz in Abb. 5 aufgenommen. Regt man den Kristall mit Wellenlängen unterhalb von 290 m/μ an, dann tritt eine schwache blaue Lumineszenz auf, deren Maximum bei 424 m/μ liegt. Andere

Fluoreszenzbanden konnten nicht festgestellt werden. Bei einer Anregungswellenlänge von 300 m$\mu$ hört auch diese Lumineszenz auf. Eine sehr starke blaue Lumineszenz tritt auf, wenn man Anregungslicht von 320 bis 400 m$\mu$ verwendet.

Eine sehr aufschlußreiche Methode, um über die Natur der Lumineszenzzentren der Seltenen Erden in $CaF_2$ nähere Unterlagen zu gewinnen, besteht in der Untersuchung [10], [11], [12] der polarisierten Fluoreszenz.

Ebenso wie die Messungen der Fluoreszenzspektren haben auch unsere eingeleiteten Thermolumineszenzmessungen zunächst nur orientierenden Charakter.

Die für die Thermolumineszenzmessungen benutzte Apparatur zeigt Abb. 6. Fast alle Elemente der Anordnung sind die gleichen wie die der Anordnung zur Messung der Fluoreszenzspektren (Abb. 3), abbildende Optik (UV-Achromat), Spimo, SEV, Netzanschlußgerät, Breitbandmeßverstärker und Oszillograph. Das Thermolumineszenzlicht wird mit 75 Hz zerhackt. Als Heizofen dient ein handelsüblicher Röhrenofen, der über ein Schaltpult auf wählbare Temperaturen fest eingestellt wird. In den Ofen wird ein Kupferzylinder eingeführt, dessen Stirnfläche so bearbeitet ist, daß der zu untersuchende Kristall aufgenommen werden kann. Nach außen hin ist ein Abschluß durch ein Fenster aus geschmolzenem Quarz gewährleistet. Für hinreichende thermische Isolation ist gesorgt.

Die ersten Veruschsergebnisse an einem natürlichen Kristall unserer Sorte 2 soll die Tabelle V vermitteln.

Die Tabelle V zeigt, daß bis zum Zerspringen des gemessenen Kristalls (bis zur Meßreihe 9 bei einer Temperatur von $\sim 330°$ C), der sich, wie im Absatz D hervorgehoben worden ist, durch die Temperaturbehandlung entfärbt, gute Übereinstimmung der Lage der Thermolumineszenzbanden ergibt. Nach dem Zerspringen des Kristalls, also im entfärbten Zustand, weist das Thermolumineszenzspektrum einen ganz anderen spektralen Verlauf auf.

Röntgenverfärbte Kristalle der Sorte 1, also künstliche Kristalle, haben wir ebenfalls orientierend auf Thermolumineszenz hin unter-

Tabelle V

| Meß-reihe | Meßbeginn nach $t_A$ | Meßende nach $t_E$ | Zugehörige Temperatur in °C $T_A$ | $T_E$ | Thermolumineszenzbanden in m$\mu$ | | | | | | | | |
|---|---|---|---|---|---|---|---|---|---|---|---|---|---|
| 1 | $1^h$ 15′ | $1^h$ 28′ | 194 | | | | 378,5 | | | | | | |
| 2 | $1^h$ 35′ | $1^h$ 51′ | 228 | 240 | 310,7 | | 380,7 | | 413,3 | 436,0 | 482,0 | 530,0 | 582,0 |
| 3 | $1^h$ 53′ | $2^h$ 10′ | | 232 | 310,7 | 352,5 | 380,7 | | 414,0 | 436,0 | 483,5 | 530,0 | 582,0 |
| 4 | $2^h$ 17′ | $2^h$ 36′ | 229 | 257 | | | 379,9 | | | | | | |
| 5 | $2^h$ 42′ | | 267,5 | | | | 379,9 | | 414,0 | 437,0 | 484,5 | 530,0 | |
| 6 | | $3^h$ 8′ | | 308 | | | 380,7 | | 413,5 | 436,5 | 483,5 | 528,0 | |
| 7 | $3^h$ 9′ | | | | 312,5 | 351,6 | | | | | | | |
| 8 | | $3^h$ 24′ | | 324 | | | 379,9 | | 413,3 | 438,0 | 483,5 | 530,0 | |
| 9 | | | ca. 330 | | | | | | | | | | |
| 10 | $3^h$ 53′ | | > 335 | | | | | 385,8 | | | | | |
| | | | Mittelwert | | 311,3 | 352,0 | 380,2 | 385,8 | 413,6 | 436,7 | 483,4 | 529,6 | 582,0 |

sucht. Wir fanden die Banden 581, 536, 482, 435, 413 und 381 m$\mu$. Die Bandenlage stimmt mit der der natürlichen Kristalle (Sorte 2) innerhalb der Fehlergrenze recht gut überein bis auf die schwache Bande bei 536 m$\mu$. Auf einige Unterschiede zwischen den Thermolumineszenzerscheinungen der natürlichen und der künstlichen Kristalle muß allerdings aufmerksam gemacht werden. So setzt beispielsweise die Lumineszenz der künstlichen Kristalle bei wesentlich geringeren Temperaturen (ca. 60° C) ein. Ein weiterer Unterschied besteht in der Intensitätsverteilung der Banden in Abhängigkeit von der Temperatur. Die Thermolumineszenzbanden der natürlichen Kristalle (Sorte 2) zeigen annähernd das gleiche Intensitätsverhältnis bei fast allen Temperaturen. Die stärkste Bande liegt bei 380 m$\mu$. Die künstlichen Kristalle der Sorte 1 zeigen eine Änderung der Bandenintensitätsverhältnisse mit der Temperatur. Beispielsweise ist bis $\sim$ 150° C die Bande bei 536 m$\mu$ am stärksten ausgebildet, während die Bande bei 381 m$\mu$ kaum angedeutet ist. Bei $\sim$ 200° C besitzt die Bande 482 m$\mu$ die größte Intensität und erst ab 253° C bildet sich die Bande bei 381 m$\mu$ am stärksten heraus. Oberhalb $\sim$ 300° C findet man dann das gleiche Intensitätsverhältnis der Banden untereinander, wie es die natürlichen Kristalle der Sorte 2 aufweisen.

Wir hielten es für nützlich, die von uns gefundenen Thermolumineszenzbanden in tabellarischer Zusammenfassung mit den von anderer Seite gefundenen Bandenlagen vergleichbar gegenüberzustellen (siehe Tab. VI).[1])

In der Tabelle sind gleichzeitig Kathodolumineszenz- und Fluoreszenzbanden, die von anderen Autoren festgestellt werden konnten, und unsere an den Sorten 1 bis 3 gefundenen Fluoreszenzbanden eingetragen.

HILL und ARON [13] benutzten wie SMAKUHA Kristalle der Harshaw Chemical Comp. of Cleveland (Ohio). PRZIBRAM [3] nimmt an, daß diese Kristalle einen Zusatz von Seltenen Erdmetallen besitzen

[1]) Die neuerdings von PEIBST, H. u. LEMKE, H. (Z. phys. Chem. *208*, 188 (1958)) u. DOLEJŠI, J., KANTUREK, J., BOHUN, A. u. TRNKA, J. (Tschechoslov. J. Phys. *8*, 548 (1958)) mitgeteilten Bandenlagen, an natürlichen und künstlichen Fluoriten gefunden, sind in der Tabelle noch nicht berücksichtigt.

## Tabelle VI

| Thermolumineszenz | | | | | CaF$_2$ mit Zusatz Seltener Erden | | |
|---|---|---|---|---|---|---|---|
| Sorte 2 | HILL u. ARON [13] | IWASE [14] | RWATSCHEW [15] | Kathodolum. URBAIN [16] | Fluoreszenz HABERLANDT [17] | Fluoreszenz CHATTERJEE [18] | Fluoresz. Sorte 1-3 |
| — | — | — | 280 | — | — | — | — |
| — | — | — | 300 | — | — | — | — |
| 311 | — | — | — | — | — | — | 319 |
| — | 343 | — | — | — | — | — | 341 |
| 352 | — | — | — | — | — | — | — |
| — | 365 | — | — | — | — | — | — |
| — | 371 | — | — | — | — | — | — |
| — | 379 | — | — | — | — | — | — |
| 380 | 381 | 380 | — | 380,0 Tb | — | — | — |
| — | — | — | — | 382,5 Tb | — | — | — |
| 386 | — | — | — | — | — | — | — |
| 414 | 415 | 420 | — | 413,5 Tb | — | — | 422 |
| — | 427 | — | — | — | — | — | — |
| 437 | 437 | 436 | — | 435,0 Tb | 434,7 Tb | — | — |
| — | — | — | — | 438,0 Tb | 437,0 Tb | — | — |
| — | 457 | — | — | — | — | — | — |
| 483 | 478 | 478 | 475 | 475,0 Dy | — | 475,3 Dy | — |
| — | 489 | — | — | 489,5 Tb | — | 489,7 Tb | — |
| — | 523 | — | 510 | 520,0 Er | — | — | — |
| 530 | 535 | — | 535 | 531,0 Er | — | 535,8 Er | — |
| — | 543 | 542 | — | 541,0 Tb | 541,5 Tb | 541,2 Tb | — |
| — | — | — | 548 | 548,0 Tb | 547,0 Tb | 547,3 Tb | — |
| — | 574 | 574 | 578 | 572,5 Sm | 572,7 Sm | 572,3 Sm | — |
| — | — | — | — | 576,4 Dy | 574,0 Dy | 577,7 Dy | — |
| | | | | Eu | Eu | Eu | |
| 582 | — | — | — | — | — | — | — |

(alle Banden in m$\mu$)

müßten, weil Hill und Aron Thermolumineszenzbanden finden, die mit Emissionslinien der Seltenen Erden übereinstimmen. Przibram stimmt daher der von Lüty [19] geäußerten Ansicht zu, daß die von Smakula und nunmehr auch von uns erhaltenen Banden der substraktiven Verfärbung auf nicht näher bekannte Verunreinigungen zurückzuführen seien, während die von Mollwo [20] gefundenen Banden der additiven Verfärbung, die der Farbzentren von $CaF_2$ sein sollten.[1]) Wir stimmen mit dieser Ansicht nicht überein, weil sie nach unseren bisherigen Ergebnissen nicht hinreichend begründet werden kann. Die Klärung der Frage, warum in Gegensatz zum Verhalten der Alkalihalogenide die Lage der Banden der substraktiven Verfärbung und der der additiven Verfärbung bei $CaF_2$ nicht zusammenfallen, dürfte nach unserer Meinung die Lösung des F-Zentrenmodelles für $CaF_2$ in sich bergen.

[1]) Inzwischen wurde uns die neuste Veröffentlichung von K. Przibram bekannt (Z. Phys. 1954, 111 (1959)), in der er die Ansicht äußert, daß das substraktive Verfärbungsspektrum „den Farbzentren des am wenigsten gestörten $CaF_2$ zukommt, das Mollwospektrum stärkeren Störungen".

## Zusammenfassung

Es wurden künstliche und natürliche $CaF_2$-Kristalle auf Reinheit, Absorption, Fluoreszenz und Thermolumineszenz untersucht.

Künstliche Kristalle, die aus reinsten synthetischen Materialien gezüchtet wurden, weisen einen hohen Grad an Reinheit auf. Von diesen Kristallen dürfen wir auf Grund unserer Fluoreszenzuntersuchungen annehmen, daß sie weitgehend frei von Verunreinigungen durch Seltene Erden sind. Sie besitzen allerdings ab 230 m$\mu$ eine charakteristische Absorption, die sich durch Zugabe bestimmter Metallionen aufheben läßt. Es ist in dieser Weise möglich, künstliche $CaF_2$-Kristalle herzustellen, die praktisch frei von jeglicher Fluoreszenz im ultraroten, sichtbaren und ultravioletten Gebiet sind und außerdem eine sehr gute Durchlässigkeit im fernen UV besitzen. Es wurde versucht, diese Erscheinung zu deuten.

Aus unseren jetzigen Untersuchungen möchten wir den Schluß ziehen, daß von den Banden der substraktiven Verfärbung, über die wir in einer früheren Mitteilung berichtet haben, vier Banden bei 580, 482, 398 und 331 m$\mu$ charakteristisch für in atomaren Fehlstellen befindliche Elektronen sind.

# LITERATUR


[1] GÖRLICH, P., KARRAS, H. u. KÜHNE, K., Arbeitsber. Festkörperphys. und Phys. d. Leuchtstoffe, Akad.-Verl., Berlin 1958, S. 29.

[2] SMAKULA, A., Phys. Rev. *77*, 408 (1950); *91*, 1570 (1953); Z. Phys. *138*, 276 (1954).

[3] HABERLANDT, H. u. PRZIBRAM, K., Sitzungsber. Akad. Wiss. Wien, math.-nat. Klasse (1934); PRZIBRAM, K., Verfärbung und Lumineszenz, Springer-Verlag Wien 1953, insbes. S. 64; Sitzungsber. Akad. Wiss. Wien, math.-nat. Klasse (1955) 269.

[4] FEOFILOW, P. P., Ber. Allunions-Ges. f. Mineralogie, 2. Serie, Teil 85, 569 (1956).

[5] FEOFILOW, P. P., Z. Opt. Spektroskop. (russ.) *1*, 992 (1956).

[6] FALTA, W., Jenaer Jahrb. 1954 II, S. 446.

[7] STEPANOW, I. V. u. FEOFILOW, P. P., Akad. Wiss. UdSSR, Inst. f. Kristallogr. (Ber. über die Tagung Kristallzüchtung 5. — 10. 3. 1956), (1957) 229.

[8] Über den Einbau von $O^{--}$-Ionen im $CaF_2$ vgl. z. B. ADLER, H. u. KVETA, I., Sitzungsber. Akad. Wiss. Wien, math.-nat. Klasse (1957) 199.

[9] GÖRLICH, P., KROHS, A., POHL, H.-J., REICHEL, R. und SCHMIDT, L., Z. angew. Phys. *10*, 303, 576 (1958).

[10] FEOFILOW, P. P., V. Tagung über Kristallphosphore (Tartu 25. 6. — 30. 6. 1956); Zs. exp. theor. Physik (russ.) *26*, 609 (1954).

[11] POTECHINO, N. D., Opt. und Spektren *2*, 1933 (1957).

[12] RUNCIMAN, W. A., Brit. J. Appl. Phys. *6*, 78 (1955); Nature *175*, 1082 (1955).

[13] HILL, J. J. u. ARON, J., J. chem. Phys. *21*, 223 (1953).

[14] IWASE, E. J., Nature *131*, 909 (1933).

[15] RWATSCHEW, W. P., J. Phys. USSR *6*, 141 (1942).

[16] URBAIN, G., Ann. Chim. et Phys. *18*, 222 (1909).

[17] HABERLANDT, H., KARLIK, B. u. PRZIBRAM, K., Sitzungsber. Akad. Wiss. Wien, math.-nat. Klasse (1935).

[18] CHATTERJEE, N., Z. Phys. *113*, 96 (1939).

[19] LÜTY, F., Z. Phys. *134*, 596 (1953).

[20] MOLLWO, E., Gött. Nachr., math.-nat. Klasse 79 (1934).

# BERICHTIGUNGSZETTEL

| | | |
|---|---|---|
| S. 17, Zeile 1 und 2 v. u. | lies: | m$\mu$ |
| | statt: | m/$\mu$ |
| S. 20, Zeile 7 v. u. | lies: | Smakula |
| | statt: | Smakuha |
| S. 14, Legende zur Abb. 4 | lies: | angeregt |
| | statt: | angelegt |

2010/59/I/2
Görlich/Karras/Kühne, Über einige optische Messungen am Calciumfluorid

Bei Fragen zur Produktsicherheit wenden Sie sich bitte an:
If you have any questions regarding product safety,
please contact:

Walter de Gruyter GmbH
Genthiner Straße 13
10785 Berlin
productsafety@degruyterbrill.com